SONIA KUKRETI
NARESH KHANDURI

Livro de texto de imunologia

SONIA KUKRETI
NARESH KHANDURI

Livro de texto de imunologia

PARA ESTUDANTES DE ENFERMAGEM E PARAMÉDICOS

ScienciaScripts

Imprint

Any brand names and product names mentioned in this book are subject to trademark, brand or patent protection and are trademarks or registered trademarks of their respective holders. The use of brand names, product names, common names, trade names, product descriptions etc. even without a particular marking in this work is in no way to be construed to mean that such names may be regarded as unrestricted in respect of trademark and brand protection legislation and could thus be used by anyone.

Cover image: www.ingimage.com

This book is a translation from the original published under ISBN 978-620-7-48361-7.

Publisher:
Sciencia Scripts
is a trademark of
Dodo Books Indian Ocean Ltd. and OmniScriptum S.R.L publishing group

120 High Road, East Finchley, London, N2 9ED, United Kingdom
Str. Armeneasca 28/1, office 1, Chisinau MD-2012, Republic of Moldova, Europe
Printed at: see last page
ISBN: 978-620-7-62083-8

Livro de texto de imunologia

PARA O PROGRAMA DE ENFERMAGEM E PARAMÉDICOS

Sra. Sónia Kukreti

(Professor adjunto)

Universidade Dev Bhoomi Uttarakhand

Dehradun (Reino Unido)

Dedicado a

Os meus guardiões

E

Mentor's

RECONHECIMENTO

Diz-se que "nenhuma obra é possível sem a permissão de "Deus Todo-Poderoso". Por isso, inclino a minha cabeça perante Deus, o Todo-Poderoso, cujas bênçãos estão sempre comigo e que me deu energia nos meus duros caminhos da vida para escrever este livro.

Gostaria de manifestar a minha gratidão à minha Mãe, especialmente ao meu Pai, os princípios de vida e a capacidade de trabalho contínuo tornaram-me forte para ultrapassar as várias dificuldades da vida e energizaram-me para fazer um esforço sincero em direção ao objetivo pensado para ser cumprido dentro do tempo com o melhor nível.

Gostaria de apresentar os meus sinceros agradecimentos ao meu orientador, Dr. Aziz Mohhamad Khan, e aos professores e mentores da minha carreira académica.

Gostaria de agradecer ao Dr. Naresh Khanduri que me deu um apoio saudável e a oportunidade de me destacar no domínio académico.

Agradeço ao meu melhor amigo que me incentivou a escrever as competências pedagógicas sob a forma de um livro.

Mostro a minha gratidão aos meus pais que sempre me apoiaram ao longo da minha carreira académica e de investigação.

Agradeço especialmente ao Dr. Gyandera Awasthi e ao Dr. Anil Gupta que me guiaram em todas as etapas sempre que tive dificuldade em escrever este livro.

Não tenho palavras para expressar os meus sinceros agradecimentos aos meus críticos, amigos, colegas, que estão sempre ao meu lado em todas as minhas acções e me fortalecem para ser sempre sincero com o meu trabalho.

Por fim, era simplesmente impossível sem o amor e a cooperação dos meus entes mais próximos e queridos, dos meus amigos, claro, que sempre me apoiaram em todos os passos da minha vida.

O amor e a cooperação que lhes são dispensados são de louvar.

Prefácio

Porquê desenvolver este novo livro de imunologia quando já existem tantos textos excelentes? Devido à sua metodologia reducionista, a ciência moderna forneceu-nos uma

quantidade espantosa

de informações. No entanto, ainda não foi desenvolvida uma noção coerente que englobe o que é o organismo que liga todos estes factos. Como resultado, a abordagem reducionista deixou o sistema imunitário com uma imagem fragmentada, o que torna difícil obter uma imagem ampla do sistema imunitário.

Neste Bolk's Companion to the study of medicine, são abordados temas como "porque é que o sistema imunitário funciona como um órgão". Que coordenadores de funções do sistema imunitário existem?

Aqui, procura-se formular uma perspetiva em resposta a estas questões. O conhecimento factual obtido através do reducionismo é colocado num contexto mais amplo, empregando um método fenomenológico. Esta visão mais alargada tem a essência de uma noção. Uma noção é entendida, neste caso, como um princípio criativo coerente. O conhecimento de imunologia ajuda muito no reconhecimento mais rápido do tópico oferecido neste Companion.

Conteúdo

Capítulo -1

Imunologia

Definição de Imunologia "

O estudo das respostas humorais, mediadas por células e imunitárias, bem como do sistema imunitário."

 O campo da Biologia da Imunologia estuda o sistema imunitário, os seus elementos, os seus mecanismos biológicos, o funcionamento fisiológico do sistema imunitário, as formas de doença do sistema imunitário e muito mais.

Através de inúmeras linhas de defesa, o sistema imunitário funciona como mecanismo de defesa do organismo, protegendo os nossos tecidos, células e órgãos de infecções invasivas. Em suma, o sistema imunitário funciona identificando e eliminando antigénios estranhos, tais como bactérias perigosas e outros agentes patogénicos que causam doenças.

 Quando o nosso sistema imunitário funciona mal ou está comprometido, pode provocar uma série de doenças infecciosas, incluindo a gripe e a febre, bem como outras complicações.

Os vários órgãos e tipos de células que constituem o nosso sistema imunitário protegem o nosso corpo de infecções. Os microrganismos, tais como bactérias, fungos, vírus e protozoários, que causam doenças no corpo são designados por agentes patogénicos. Os antigénios são substâncias que provocam a produção de anticorpos. Podem ser qualquer coisa que não é suposto estar no nosso corpo, como fungos, bactérias, vírus, haptenos e parasitas. Quando associados a uma molécula transportadora, os haptenos podem desencadear uma reação

imunológica. As moléculas e células do sistema imunitário
encontram-se em todos os tecidos do corpo, incluindo os órgãos
linfóides. As suas funções incluem a erradicação de doenças
infecciosas microbianas, o abrandamento do crescimento de tumores e
o início do processo de cicatrização de tecidos lesionados.

Os tecidos e órgãos do sistema imunitário funcionam como forças de
segurança, com as células a servirem de guardas e as moléculas a
servirem de armas e munições. O sistema imunitário utiliza o seu
sistema de comunicação para o manter seguro.

Tipos de sistema imunitário

Os seres humanos estão divididos em dois tipos de sistema imunitário,
consoante estes sistemas estejam
ou não presentes à nascença.

Sistema imunitário **inato**

O sistema imunitário defende o corpo dos germes e impede-os de
entrar no corpo.

As células e as proteínas que constituem o sistema imunitário inato
estão constantemente presentes e preparadas para combater as
bactérias na região da infeção. O nosso corpo possui um sistema
imunitário inato desde o momento do nascimento.

Os principais elementos do sistema imunitário inato são

- Células dendríticas.
- Leucócitos fagocíticos.
- Célula assassina natural (NK).
- Barreiras epiteliais físicas.
- Proteínas plasmáticas circulantes.

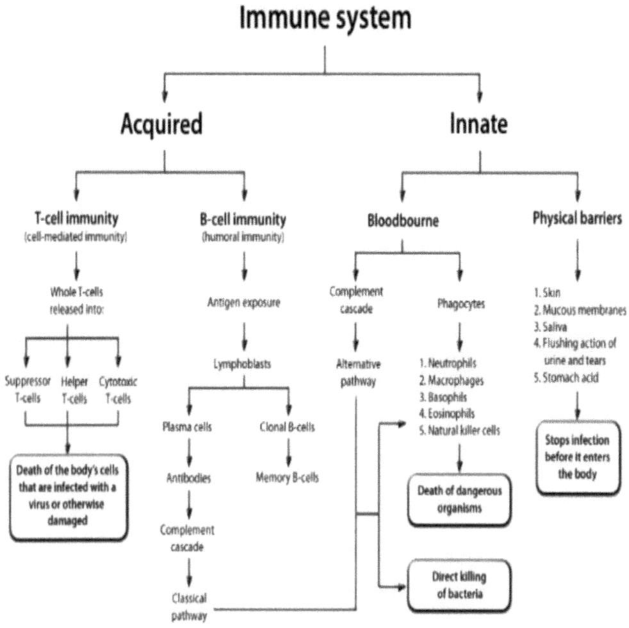

Fig. 1. Tipos de sistema imunitário

O sistema imunitário que se adapta à luta

contra as doenças que as defesas imunitárias inatas não conseguem conter requer

o sistema imunitário adaptativo. Uma vez que se desenvolve ao longo da vida de

uma pessoa, é também conhecido como sistema imunitário adquirido. O sistema

imunitário adaptativo é um sistema de defesa único que se adapta

ao tipo de infeção que entra no organismo.

Os componentes do sistema imunitário adaptativo estão normalmente todos

adormecidos; no entanto, quando estão, multiplicam-se e criam uma forte defesa

contra os germes em resposta à existência de qualquer agente infecioso.

 Existem dois tipos diferentes de respostas adaptativas: a imunidade mediada por

células, que é mediada por células T, e a imunidade humoral, que é mediada por

anticorpos produzidos por linfócitos B.

Doenças e Imunologia

As falhas do sistema imunitário são a causa principal das doenças imunológicas. É

possível que o sistema imunitário se torne hiperativo e liberte substâncias químicas e anticorpos. A anafilaxia e as alergias resultam desta situação. As doenças auto-imunes surgem quando o sistema imunitário é incapaz de distinguir as células próprias das não próprias. Neste cenário, o sistema imunitário é posto à prova e as respostas que produz prejudicam as células e os tecidos, em vez de os protegerem. A desnutrição, as apresentações imunológicas, as mutações genéticas e os vírus como o VIH são as causas de todas as doenças de imunodeficiência, que aumentam o risco de infecções e tumores.

Sintomas de disfunção imunitária

- Distúrbios intestinais.
- Infecções por parasitas.
- Crescimento excessivo de Candida.
- Alergias e asma.
- Constipações e gripes frequentes.
- Doenças auto-imunes.
- Dores nas articulações e nos músculos.
- Surto de herpes (herpes labial).
- HPV e esfregaços de PAP anormais.
- Rinite ou corrimento nasal constante.
- Psoríase, eczema, urticária ou erupções cutâneas.

Técnicas de imunologia

Trata-se de um método experimental utilizado para estudar a estrutura e as funções do sistema imunitário. Existem diferentes técnicas, que incluem:

- ELISA.
- ELISPOT.
- Isolamento de células imunitárias.
- Imuno-histoquímica.
- Geração de anticorpos.
- Imunoblotting e precipitação.
- Isolamento e Purificação de Anticorpos.

Aplicações da imunologia

Numerosos sectores, incluindo a medicina, o transplante de órgãos, a bacteriologia, a oncologia, a virologia, a parasitologia, as doenças reumáticas, as perturbações psiquiátricas e a dermatologia, utilizam amplamente a imunologia. O procedimento de transplante de um órgão de um dador para um recetor - assegurando que o corpo do recetor não rejeita o órgão - é o foco principal da imunologia dos transplantes.

Capítulo 2

Tipos de imunidade

Imunidade natural, não específica ou inata.

Imunidade adaptativa ou imunidade adquirida.

Imunidade inata -

Um organismo nasce com este tipo de imunidade.

No momento em que a infeção ataca, esta é imediatamente activada. Certas defesas e barreiras que mantêm as partículas estranhas fora do corpo fazem parte da imunidade inata.

Este mecanismo de defesa do organismo é designado por imunidade inata.

Os mecanismos naturais de defesa que esta imunidade proporciona - como a pele intacta, os neutrófilos, as células assassinas naturais, as enzimas salivares, etc. - ajudam-nos a combater as doenças numa fase inicial, antes de sermos expostos a agentes patogénicos ou antigénios.

Este tipo de imunidade dura muito tempo porque o nosso corpo produz os anticorpos por si próprio. Não existem muitas defesas naturais no nosso corpo para manter as infecções afastadas.
Tipos de barreiras Existem

quatro categorias de barreiras:

Defesa física

Estas incluem o trato gastrointestinal, o trato respiratório, os cílios, as pestanas, a pele e os pêlos do corpo. Servem como a primeira linha de proteção.

A pele faz mais por nós do que apenas dar-nos tons de pele claros ou escuros. Os agentes patogénicos são fisicamente impedidos de entrar no nosso corpo pela nossa pele. O nosso nariz e as nossas orelhas têm revestimentos mucosos que actuam como uma barreira para manter os agentes patogénicos fora e impedir a sua entrada.obstáculos fisiológicos

Sabemos que as moléculas dos alimentos no nosso estômago são quebradas pelo ácido clorídrico. Devido ao facto de a atmosfera ser tão intensamente ácida, a maior parte das bactérias que entram no nosso corpo através dos alimentos são destruídas antes de o passo seguinte estar concluído.

Divisórias celulares - os agentes patogénicos conseguem penetrar no nosso corpo apesar das barreiras fisiológicas e físicas. Leucócitos (WBC), neutrófilos, linfócitos, basófilos, eosinófilos e monócitos são as células que constituem esta barreira. O sangue e os tecidos contêm todas estas células.

Barreiras de citocinas

As células do nosso corpo são mais inteligentes do que pensamos. Quando um vírus invade uma célula do corpo humano, por exemplo, a célula liberta automaticamente proteínas conhecidas como interferões, que envolvem a célula infetada e protegem as células circundantes da infeção.

As células associadas à defesa inata Fagócitos: Movem-se por todo o corpo, à procura de objectos estranhos. Devoram-no e eliminam-no, protegendo o corpo dessa infeção. Macrófagos: São capazes de atravessar as paredes do sistema circulatório e, para atrair mais células para o local da infeção, libertam sinais específicos conhecidos como citocinas.

Mastócitos: essenciais tanto para a prevenção de infecções como para a cicatrização de feridas.

Neutrófilos: Estes têm grânulos tóxicos no seu interior que destroem qualquer agente patogénico que entre em contacto com eles

Eosinófilos: Qualquer bactéria ou parasita que entre em contacto com estas proteínas é morto.

Basófilos: Atacam os parasitas com muitas células. Também libertam histamina, tal como os mastócitos.

Células assassinas naturais: Ao eliminarem as células contaminadas do hospedeiro, estas células impedem a propagação de doenças.

Células dendríticas: Encontram-se nos tecidos onde as infecções começam. Ao apresentar antigénios, estas células alertam o resto do sistema imunitário para a infeção.

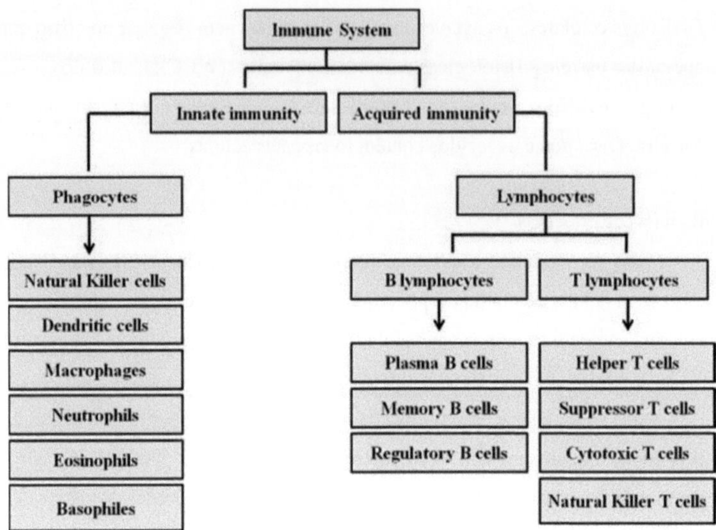

Fig.2.Tipo de células imunitárias

Obtenção de imunidade A imunidade que o nosso corpo desenvolve ao longo do tempo é conhecida como imunidade adquirida, também conhecida como imunidade adaptativa. Não se trata de imunidade inata; esta desenvolve-se após o nascimento. A imunidade adquirida refere-se à capacidade do sistema imunitário de se ajustar à doença e produzir imunidade específica para os agentes patogénicos. Outro nome para ela é imunidade adaptativa. Uma vez que a imunidade é adquirida após o nascimento, é designada por imunidade adquirida. O antigénio é tornado inofensivo pelos anticorpos ou linfócitos e é específico. A imunidade adquirida serve principalmente para aliviar o indivíduo afetado da doença infecciosa e para o proteger de futuros ataques.

É composta principalmente por um sofisticado sistema de defesa linfático que funciona através da identificação das células do próprio corpo

As características da especificidade da imunidade adquirida incluem a capacidade do organismo de distinguir entre vários tipos de vírus e determinar o seu nível de perigo antes de descobrir a forma de os eliminar.

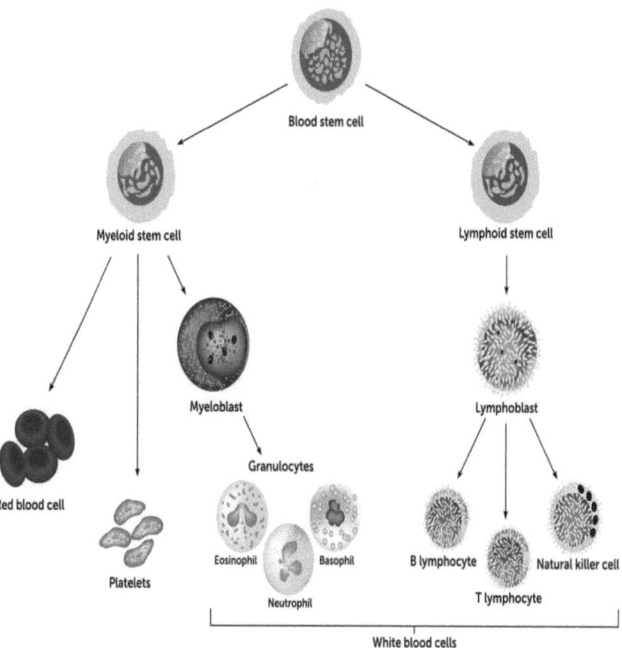

Fig.3.Morfologia das células

Diversidade: O corpo humano é capaz de identificar uma grande variedade de doenças, incluindo vírus e protozoários.

Distinguir entre o próprio e o não próprio: O nosso corpo possui a rara capacidade de distinguir entre células estranhas e as suas próprias células. Começa imediatamente a rejeitar qualquer célula estranha no corpo.

Recolha: O sistema imunitário é desencadeado por agentes patogénicos para os eliminar do nosso corpo. Além disso, retém os anticorpos que foram produzidos em reação a essa doença, permitindo que o corpo a combata da próxima vez que ela apareça, utilizando um processo semelhante.

Células do Sistema Imunitário na Imunidade Adquirida Células B
Na medula óssea, elas crescem.

Quando estas células entram em contacto com substâncias externas, são activadas. Estas partículas estranhas servem como indicadores de que são estranhas.

As células B rapidamente se diferenciam em células plasmáticas, que geram anticorpos específicos para a substância estranha, também conhecida como antigénio. Estes anticorpos

agarram-se à superfície

do antigénio ou do agente estranho. Estes anticorpos encontram e eliminam qualquer antigénio presente no organismo.

A imunidade humoral é o tipo de imunidade que depende das células B.

Linfócitos T - Formam-se no timo depois de saírem da medula óssea. As células auxiliares, citotóxicas e reguladoras são os produtos de diferenciação das células T. A corrente sanguínea recebe estas células libertadas.

As células T auxiliares libertam citocinas mensageiras em resposta a um antigénio, que ativa estas células.

Estas citocinas fazem com que as células B comecem a diferenciar-se em células plasmáticas, que libertam anticorpos dirigidos contra os antigénios. As células cancerígenas são destruídas pelas células T citotóxicas.

Tipos de Resposta Imune Aguda - Resposta Imune Humoral

As células sanguíneas transportam e distribuem os anticorpos produzidos pelos linfócitos B por todo o corpo. Como a resposta imunitária é composta por um anticorpo gerado pelos linfócitos, é conhecida como resposta imunitária humoral. Depende da forma como os anticorpos circulantes do organismo funcionam. A imunidade humoral é activada quando um antigénio e um anticorpo de uma célula B se unem. A célula B internaliza o antigénio, que é então mostrado na célula T auxiliar. A célula B é activada por esta ligação.

À medida que as células B activadas proliferam, são criados plasmócitos. Os anticorpos são libertados para a corrente sanguínea por estes plasmócitos.Resposta imunitária mediada por células.As células T helper são as primeiras a iniciar a imunidade mediada por células.Ao libertarem toxinas, os linfócitos T citotóxicos erradicam as células contaminadas do organismo, induzindo a morte celular programada, ou apoptose.Outras células imunitárias são estimuladas pelas células T helper. É possível substituir qualquer órgão sensorial disfuncional por um transplante quando um deles deixa de funcionar. No entanto, a resposta imunológica é mais complicada do que isso. Os linfócitos T parecem ser capazes de distinguir entre órgãos ou tecidos que são nativos do nosso corpo e aqueles que não são.

Diferentes tipos de imunização

Defesa activada

A reação direta do organismo a um antigénio externo é conhecida como imunidade ativa. No que diz respeito ao sistema imunitário adquirido ou adaptativo, o organismo retém a memória das infecções com as quais entrou em contacto anteriormente. Quando entramos em contacto com o agente patogénico ou com o seu antigénio, desenvolvemos imunidade ativa. Os antigénios são os blocos de construção dos anticorpos. O nosso corpo combate a infeção com a ajuda dos antigénios segregados pelo agente patogénico e, para combater a infeção, o nosso corpo começa a produzir anticorpos em resposta ao seu antigénio. Imunidade por passagem - A resposta imunitária desencadeada por anticorpos adquiridos externamente é conhecida como imunidade passiva. A primeira interação com um agente patogénico é sempre um pouco dura para o corpo porque a resposta primária do corpo a um agente patogénico é bastante fraca. Nos últimos dez anos, a biotecnologia avançou ao ponto de podermos agora produzir anticorpos para tratar doenças. Mesmo na ausência de uma resposta primária, o corpo está protegido por estes anticorpos pré-fabricados.

A imunidade passiva é mais transitória do que a imunidade ativa, que pode proteger-nos de uma doença para o resto das nossas vidas:

- Imunidade passiva natural

- Imunidade passiva artificial

- Auto-defesa

Ocasionalmente, em vez de atacar substâncias estranhas, o sistema imunitário ataca os seus próprios tecidos e órgãos. Chamamos a isto autoimunidade. Um exemplo de uma doença autoimune é a diabetes tipo I.

Vacinas: As vacinas consistem nos antigénios do agente patogénico, que causam a doença. Por exemplo, a bactéria que causa a doença da varíola está presente nos antigénios da vacina. A vacinação contra a varíola estimula o sistema imunitário do corpo a fabricar anticorpos contra a varíola no recetor. Como resultado, o corpo fica protegido contra a doença no futuro. Imunidade adquirida artificialmente é o termo utilizado para descrever a introdução intencional de bactérias patogénicas no nosso organismo, o que resulta numa reação comparável.

- A imunização é o processo de administração de uma vacina para nos tornarmos resistentes a bactérias perigosas e a outras doenças infecciosas.

Sistema imunitário

O mecanismo de defesa mais eficaz do nosso corpo é o sistema imunitário. Este protege-nos dos micróbios nocivos e mantém a nossa saúde.

O campo da biologia da imunologia estuda os muitos papéis que o sistema imunitário desempenha no corpo. A imunidade é a capacidade de lutar contra infecções ou antigénios, mantendo-se saudável.

Os órgãos, tecidos e células que compõem o sistema imunitário cooperam para defender o nosso corpo. De muitas formas, este sistema protege o corpo humano dos germes invasores. Algumas são inatas, enquanto outras são aprendidas; todas elas são baseadas na memória. Como resultado, estão envolvidos no transplante de órgãos, doenças auto-imunes e alergias.

Os glóbulos brancos, também conhecidos como leucócitos, são as células mais importantes do sistema imunitário que estão envolvidas na eliminação de agentes patogénicos ou substâncias.

Órgãos linfóides

A expressão "órgãos linfóides" refere-se aos órgãos do sistema imunitário que estão envolvidos na proteção do corpo contra microrganismos invasores que podem causar infecções ou espalhar tumores. São constituídos pelo baço, timo, vasos sanguíneos, gânglios linfáticos, vasos linfáticos, medula óssea e vários outros grupos de tecido linfoide.

A origem, a maturação e a proliferação dos linfócitos ocorrem nos órgãos linfóides. Estes podem ser classificados como primários, secundários ou terciários, consoante o seu estado de crescimento e maturação. Estes órgãos são constituídos por tecidos conjuntivos que são fluidos e contêm vários leucócitos, ou tipos de glóbulos brancos. Os leucócitos, ou glóbulos brancos, têm a maior proporção de linfócitos.

Órgãos linfóides principais - Os linfócitos são produzidos e amadurecem nos órgãos linfóides principais. Também produz células progenitoras maduras em linfócitos. Por isso, são conhecidos como os órgãos linfóides principais. Os órgãos linfóides primários incluem a medula óssea e o timo.3 Tecidos linfóides suplementares Porque ajudam a promover os locais onde os linfócitos interagem com o antigénio para se tornarem células efectoras, os órgãos linfóides secundários são também conhecidos como órgãos linfóides periféricos. A resposta imunitária adaptativa é desencadeada por eles. Os tecidos linfóides auxiliares As amígdalas, o apêndice, os gânglios linfáticos, o baço e outros órgãos são exemplos de órgãos linfóides secundários.

Órgãos com linfóides terciários - Nos órgãos linfóides terciários há normalmente muito poucos linfócitos. Tem um impacto significativo no processo inflamatório e está relacionado com a imunidade, incluindo o sistema imunitário, células B, células T, imunidade inata e adquirida, respostas imunitárias humorais e mediadas por células.

Capítulo -3

Antigénio

"Uma molécula conhecida como antigénio é o que inicia a produção de um anticorpo e desencadeia uma resposta imunitária."

As grandes moléculas de proteína conhecidas como antigénios encontram-se na superfície dos agentes patogénicos, que incluem bactérias, fungos, vírus e outros objectos estranhos. O corpo produz anticorpos como resultado da resposta imunológica desencadeada pela entrada destas substâncias perigosas.

Por exemplo: O corpo produz anticorpos para evitar a doença quando o vírus da constipação comum entra no corpo.

Propriedades dos antigénios

As propriedades dos antigénios são as seguintes:

1. O antigénio deve ser uma substância estranha para induzir uma resposta imunitária.
2. Os antigénios têm uma massa molecular de 14.000 a 6.00.000 Da.
3. São principalmente proteínas e polissacáridos.
4. Quanto mais complexos do ponto de vista químico forem, mais imunogénicos serão.
5. Os antigénios são específicos de cada espécie.
6. A idade influencia a imunogenicidade. As pessoas muito jovens e muito idosas apresentam uma imunogenicidade muito baixa.

Tipos de antigénios

Com base na Origem

Existem diferentes tipos de antigénios com base na sua origem:

Antigénios exógenos

Os antigénios exógenos são os antigénios externos que entram no corpo a partir do exterior, por exemplo, por inalação, injeção, etc. Estes incluem alergénios alimentares, pólen, aerossóis, etc. e são o tipo mais comum de antigénios.

Antigénios endógenos

Os antigénios endógenos são gerados no interior do organismo devido a infecções virais ou bacterianas ou ao metabolismo celular.

Autoantigénios

Os auto-antigénios são as proteínas ou ácidos nucleicos "próprios" que, devido a algumas alterações genéticas ou ambientais, são atacados pelo seu próprio sistema imunitário, causando doenças auto-imunes.

Antigénios tumorais

É uma substância antigénica presente na superfície das células tumorais que induz uma resposta imunitária no hospedeiro, por exemplo, MHC-I e MHC-II. Muitos tumores desenvolvem um mecanismo para escapar ao sistema imunitário do organismo.

Antigénios nativos

Um antigénio que ainda não foi processado por uma célula apresentadora de antigénio é conhecido como antigénio nativo.

Na base da resposta imunitária

Com base na resposta imunitária, os antigénios podem ser classificados como

Imunogénio

Estes podem ser proteínas ou polissacáridos e podem gerar uma resposta imunitária por si só.

Hapten

Trata-se de substâncias estranhas, não proteicas, que requerem uma molécula transportadora para induzir uma resposta imunitária.

Estrutura do antigénio

As partes do antigénio são denominadas epítopos ou determinantes antigénicos.
Cada antigénio é composto por muitos epítopos. Um mínimo de dois locais de
ligação num anticorpo permite-lhe ligar-se a epítopos específicos do antigénio.
O mecanismo de chave e fechadura rege a forma como os antigénios e os
anticorpos se unem.

A imunidade é a capacidade do organismo de responder aos antigénios e às
substâncias causadoras de doenças através do sistema imunitário. Esta imunidade
pode ser obtida através de imunizações ou é inata.

A imunidade ativa é a imunidade induzida nas entidades pela exposição a
antigénios. É mediada por dois mecanismos bem definidos:

- Imunidade mediada por células
- Imunidade humoral.

Ambas as vias imunitárias diferem nos seus alvos, componentes e métodos de
destruição dos agentes patogénicos.

Imunidade Humoral vs Imunidade Mediada por Células

Quadro 1: A diferença entre a imunidade humoral e a imunidade mediada por células é apresentada
numa coluna tabular.

Imunidade mediada por células	Imunidade humoral
É mediada por células T.	É mediada por células B.
Não há formação de anticorpos.	Formação de anticorpos.
Os receptores são utilizados para identificar antigénios.	Os anticorpos são utilizados para identificar antigénios.
Os receptores de células T ligam-se às células T e as células T aderem aos antigénios.	Os anticorpos produzidos pelas células B aderem ao antigénio.
Protege contra vírus, fungos e outros agentes patogénicos bacterianos intracelulares.	Protege contra vírus e bactérias extracelulares.
Pode eliminar as células tumorais, protegendo assim contra o cancro.	Não consegue eliminar as células tumorais.

Tanto as células CD4+ como as CD8+ participam na imunidade mediada por células.	Apenas as células TH participam na imunidade humoral.
Medeia a hipersensibilidade do tipo IV.	Medeia a hipersensibilidade I, II e III.
Mostra uma resposta atrasada.	A resposta é rápida.

Imunidade humoral

Os anticorpos actuam como mediadores da imunidade humoral. Demonstram uma pronta defesa contra as infecções. Servem como a principal linha de defesa contra bactérias extracelulares que tentam infiltrar-se nos sistemas dos seus hospedeiros. Os microorganismos são neutralizados pelos anticorpos produzidos pelas células B que se ligam aos antigénios.

Imunidade mediada por células

As células T-helper e as células T citotóxicas ajudam na imunidade mediada por células. As citocinas libertadas pelas células T-helper estimulam as células fagocíticas, que engolfam e eliminam as infecções.

Seguem-se as semelhanças entre a imunidade mediada por células e a imunidade humoral:

- Tanto a imunidade humoral como a imunidade mediada por células são imunidades activas.
- Ambos têm um período de desfasamento.
- Ambos são activos contra uma grande variedade de agentes patogénicos.
- Ambos possuem memórias imunológicas.
- Ambos os sistemas não são eficazes em indivíduos imunodeficientes.

Capítulo -4

Sistema Mieloide-I

O óvulo fertilizado contém, no início, uma célula estaminal multipotencial. Primeiro, esta desenvolve-se em células progenitoras linfóides e mielóides.

Os dois principais órgãos linfóides são o timo e a medula óssea. Os órgãos linfóides secundários incluem o baço, os gânglios linfáticos e os tecidos linfóides ligados à mucosa.

O processo de produção de novas células sanguíneas é conhecido como hemopoiese. Uma célula estaminal hematopoiética comum é a fonte da maioria das células do sistema imunitário. O saco vitelino inicial é onde a hematopoiese começa.

Este processo estende-se ao baço, fígado e medula óssea do recém-nascido e do adulto durante a embriogénese. Assim, o baço fetal, o fígado e a medula óssea contêm células estaminais hematopoiéticas multipotenciais partilhadas. Ao longo da vida, a hemopoiese persiste na medula óssea. O órgão ou tecido em que se encontra a célula estaminal determina a forma como esta se vai diferenciar. Certas citocinas e células do estroma estão envolvidas nesta diferenciação. Diferentes células estromais, tais como macrófagos, células endoteliais, células epiteliais, fibroblastos e adipócitos, formam focos no interior do fígado fetal, timo e medula óssea. Diferentes células podem desenvolver-se em diferentes focos. As moléculas de adesão e as citocinas têm funções importantes. Estas ligações activam a expressão genética necessária para o funcionamento de uma célula diferenciada específica.

Uma explicação pormenorizada da hematopoiese - Esta célula estaminal comum dá origem a todas as células sanguíneas. Assim, as células estaminais hematopoiéticas pluripotentes produzem dois tipos distintos de células estaminais: Progenitor comum do tecido linfoide que se desenvolve em linfócitos Antepassado comum das células

mieloides

Tecido linfoide

No âmbito das células não linfóides encontram-se os linfócitos nos órgãos linfóides. A interação entre os linfócitos e as células não linfóides provoca os seguintes processos: formação de linfócitos; início da resposta imunitária adaptativa; e manutenção dos linfócitos.

 Existem dois tipos de órgãos linfóides:

 (1) órgãos linfóides primários ou centrais; e (2) órgãos linfóides periféricos ou secundários.

 Os órgãos linfóides básicos produzem linfócitos. O início da resposta imunitária adaptativa ocorre nos órgãos linfóides secundários. Os linfócitos são mantidos aqui.

O timo e a medula óssea são os dois principais órgãos linfóides.

Um tecido hematopoiético importante que se encontra no esqueleto axial e nos ossos longos é a medula óssea. Os seios de Vénus estão embebidos em células em crescimento e rodeiam uma veia e uma artéria primária. As células estaminais da medula óssea são a fonte de todas as células sanguíneas. Os linfócitos constituem cerca de 10% das células da medula óssea.

Fígado fetal e medula óssea: Locais de diferenciação das células B Por volta das 8-9 semanas de gravidez em humanos (e 14 dias em ratos), o fígado fetal contém precursores de linfócitos B. Mais tarde na vida, a medula óssea assume a responsabilidade pela produção de linfócitos B.

É na medula óssea que são produzidos os linfócitos B e T. Os linfócitos B são produzidos na medula óssea. As células T deslocam-se para o timo, onde amadurecem.

Bursa de Fabricius - Nas aves, a bursa de Fabricius está presente. Contrariamente à crença popular, as tentativas de localizar um órgão comparável em animais não tiveram êxito.

Nas aves, a bursa de Fabricius é o local onde as células B se diferenciam. À medida que envelhecemos, fica mais fraca. Em tempos, pensou-se que este órgão era o local de desenvolvimento das células B.

 É falso dizer que foi por causa desta crença que as células B receberam o seu nome. É uma

sorte que a primeira letra da palavra "osso" (medula) seja igualmente B. Nas aves, a saída comum dos tractos geniturinário e digestivo tem uma bursa de Fabricius.

Foi demonstrado que as galinhas jovens com bursectomia apresentam uma síntese de anticorpos.

Timo

É um órgão bilobado que se encontra no tórax dos animais. Os lóbulos dentro de cada lóbulo são mantidos separados por tecido conjuntivo. Cada lóbulo tem um córtex exterior densamente preenchido com células T imaturas e em proliferação e uma medula interior que contém células T maduras. As muitas células epiteliais dos lóbulos são cruciais para a diferenciação. Os mamíferos sofrem uma atrofia do timo que começa durante a puberdade e continua à medida que envelhecem. A atrofia do timo é facilitada pela gravidez e pelo stress.

Órgãos linfóides secundários O sistema imunitário tem efetivamente lugar nos órgãos linfóides secundários:

Baço Nódulos linfáticos Tecidos linfóides associados à mucosa (MALT) As células B e T maduras migram para os tecidos linfóides secundários - As células (do sangue) e os anticorpos circulam pelos tecidos através da corrente sanguínea.A circulação dos linfócitos entre o tecido, o sangue e os gânglios linfáticos vai ao encontro do antigénio ou permite a sua participação nos casos em que a resposta imunitária ao antigénio já foi iniciada.Os gânglios linfáticos são estruturas minúsculas, esfericamente fechadas, que variam em tamanho de 2 a 10 nm e que se encontram em todo o sistema linfático.

No pescoço, nas virilhas e nas axilas encontram-se grandes grupos de gânglios linfáticos.

Os antigénios da linfa circulante são captados pelos gânglios linfáticos.

O MALT, ou tecido linfoide associado à mucosa, é um órgão que não está encapsulado.

O tecido linfoide do corpo humano constitui mais de 50% do MALT.

Os micróbios entram no corpo principalmente através das superfícies mucosas ligadas aos sistemas digestivo, respiratório e genitourinário.

Existem dois tipos de tecidos MALT:

Linfócitos subepiteliais que se desenvolvem em folículos que são envolvidos por células M, ou microfendas, células epiteliais especializadas. Populações celulares difusas sob a superfície das células epiteliais.

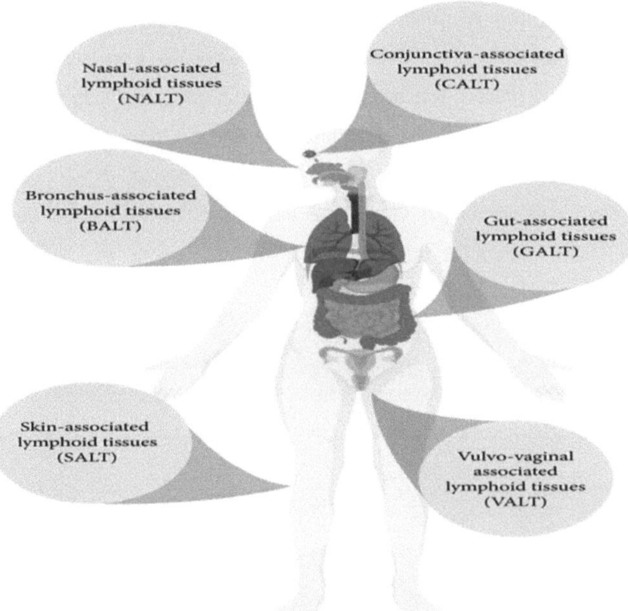

Fig.4.Sistema Mieloide-I

NALT ,O tecido linfoide do pescoço e da faringe ligado ao anel de Waldey (amígdalas palatinas e linguais) e o tecido linfoide da parte posterior do nariz (tecido faríngeo, amígdalas e outros) constituem o NALT. O NALT lida com os microorganismos presentes no ar.

Estes tecidos não possuem linfáticos, ao contrário dos nódulos linfáticos. Tecido linfoide tonsilar: As células M transportam antigénios que ficam retidos nas criptas para os espaços subepiteliais, onde as células apresentadoras de antigénios estimulam os linfócitos.

BALT - É constituído por aglomerados de linfócitos dispostos em folículos que se encontram em todos os lóbulos do pulmão e estão localizados principalmente por baixo dos brônquios. As células M transportam antigénios retidos para as células inferiores, incluindo os linfócitos.

O GALT bloqueia os micróbios que tentam entrar no corpo através do sistema digestivo.

Existe um mecanismo no GALT para distinguir as bactérias infecciosas dos alimentos inócuos. As células apresentadoras de antigénios (APCs) e as microdobras (células M) dos epitélios estão relacionadas com este processo. As APC e as células T desempenham um papel fundamental num processo complicado que determina se o "antigénio da amostra" provoca uma resposta imunitária ou tolerância.

De facto, uma via comparável pode ser encontrada nos tecidos linfóides, BALT e Nalt ligados ao trato genitourinário.

Capítulo -5

Sistema Mieloide-II

As células progenitoras mieloides comuns diferenciam-se ainda mais em numerosas células.

Além disso, algumas delas fixam-se em determinados tecidos e desenvolvem especializações adicionais.

Várias delas também se fixam em alguns tecidos e tornam-se mais especializadas. O desenvolvimento de células estaminais sanguíneas em células mielóides foi anteriormente analisado. Vamos rever isso mais uma vez. O processo de produção de novas células sanguíneas é conhecido como hemopoiese. Uma célula estaminal hematopoiética comum é a fonte da maioria das células do sistema imunitário.

O saco vitelino inicial é o local onde a hematopoiese começa. Este mecanismo é transferido para o baço, fígado e medula óssea do recém-nascido e do adulto durante a embriogénese. Assim, o fígado fetal, o baço fetal e a medula óssea fetal contêm células estaminais hematopoiéticas multipotenciais partilhadas. Ao longo da vida, a hemopoiese persiste na medula óssea.

Estas células proliferam, semeando os órgãos subsequentes.

Os leucócitos derivados de um progenitor mieloide comum são: monócitos, basófilos, eosinófilos, células dendríticas imaturas e neutrófilos. Devido às características distintivas de coloração dos seus grânulos citoplasmáticos, os neutrófilos, eosinófilos e basófilos são designados por granulócitos.

Devido às formas irregulares dos seus núcleos, estes três são também conhecidos como leucócitos polimorfonucleares. Estes passam pela corrente sanguínea e só entram no tecido em áreas onde há inflamação ou infeção.

A circulação transporta as células dendríticas imaturas para os órgãos periféricos.

Quando atingem a maturidade e entram em contacto com um antigénio, dirigem-se para os gânglios linfáticos. Aqui, as células T específicas do antigénio são activadas por estas células dendríticas maduras.

Através da corrente sanguínea, os monócitos podem também chegar aos tecidos onde se podem desenvolver em macrófagos.

Estes transformam-se em células fagocíticas que vivem nos tecidos.

Embora os mastócitos comecem a sua vida na medula óssea, acabam por amadurecer nos tecidos.

Um componente chave das reacções alérgicas são os mastócitos.

Os mastócitos e os basófilos são semelhantes tanto na sua estrutura como na sua função. Os mastócitos estão localizados perto de vasos sanguíneos nos tecidos conjuntivos, no revestimento do estômago, nos pulmões e no trato geniturinário. Os basófilos circulam no sangue e têm uma população muito baixa (<0,2% dos leucócitos granulares). Como resultado, podem ser encontrados em quase todo o corpo.

A medula óssea é a fonte de ambos. Por serem granulócitos, os basófilos são corados por corantes básicos. Quando ambos são accionados para descarregar o conteúdo dos seus grânulos, respondem de forma semelhante.

ligação de medicamentos, lectinas, alergénios à IgE ligada às superfícies celulares através de receptores Fc, e C3a e C5a (componentes do complemento).

As populações relativas de diferentes leucócitos, ou glóbulos brancos, são apresentadas por estes números.

Tenha em atenção que estes intervalos se aplicam apenas a indivíduos saudáveis. Estes valores são utilizados para fins de diagnóstico e variam consoante a infeção.

Fagocitose

Elie Metchnikoff, um cientista russo, identificou a fagocitose em 1882 quando viu que certas células móveis na cavidade corporal das larvas de estrelas-do-mar consumiam qualquer material estranho que entrasse.

Esta descoberta levou Metchnikoff a concluir que os anticorpos não têm qualquer papel no sistema imunitário. Em contrapartida, ele acreditava que estas células fagocíticas eram o único elemento significativo do sistema de defesa e que se encontravam em todo o lado.

Opsoninas Este facto deu origem a uma amarga controvérsia até 1904, quando o inglês Almorth Wright descobriu as opsoninas - substâncias que facilitam a fagocitose. Atualmente, sabemos que tanto a imunidade humoral como a imunidade celular são importantes. Os fagócitos são de facto universais e importantes, mas fazem parte da imunidade inata, tal como outras células da linhagem mieloide.

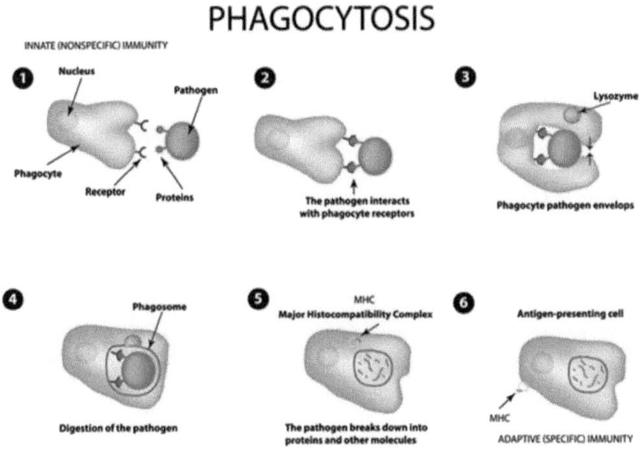

PHAGOCYTOSIS

Fig.5.Etapas da fagocitose

Algumas opsoninas importantes são: Anticorpos¬ Componentes do complemento, especialmente C3b¬ Fibronectinas: as glicoproteínas ocorrem tanto livres como como parte da membrana celular¬

Neutrófilos Os granulócitos de neutrófilos polimorfonucleares constituem cerca de 60-75% dosθ leucócitos do sangue em humanos/carnívoros e 20-30% em ruminantes.

Tempo de vida dos leucócitos

Maturação dos neutrófilos - A medula óssea é o local onde começa a maturação dos neutrófilos (em cima). Cerca de 10% dos neutrófilos maduros são libertados para o sangue periférico após cerca de 12 dias, altura em que a sua semi-vida é de aproximadamente 6 a 10 horas. Os neutrófilos acabam por fazer a diapedese para os tecidos. Em cada fase de desenvolvimento (em baixo), a proporção de neutrófilos varia, desde cerca de 2% durante a fase de mioblasto até mais de 25% durante a fase de neutrófilo maduro.

Estrutura dos Neutrófilos Com cerca de 12 μm de diâmetro, o seu citoplasma apresenta dois tipos de grânulos: Azurófilos: Estes grânulos primários são densos em electrões e consistem em enzimas como a mieloperoxidase, lisozima, elastase, beta-glucouronidase e cathapsina B Grânulos específicos: Estes grânulos secundários contêm lisozima, colagenase, lactoferrina Os neutrófilos têm um pequeno golgi e algumas mitocôndrias, mas não têm retículo ribossómico/endoplasmático, pelo que não podem sintetizar proteínas.

Fagocitose por neutrófilos

A principal função dos neutrófilos é eliminar material estranho por fagocitose. A quimiotaxia, a fase inicial da fagocitose, é um processo no qual os neutrófilos migram em direção à fonte química ao longo de um gradiente químico. Estas substâncias incluem factores dos mastócitos, leucotrienos (um metabolito de um araquidonato), C5a (um péptido produzido após a ativação do sistema do complemento) e factores derivados de células lesadas. A partícula estranha tem um potencial zeta diminuído depois de ser opsonizada (por um anticorpo ou C3). Isto é necessário porque as partículas estranhas e os neutrófilos rejeitam-se mutuamente, a menos que contenham uma carga negativa. Os neutrófilos podem ligar-se à partícula opsonizada porque têm receptores para anticorpos ou C3. A partícula que ficou embebida no tecido fica presa entre os neutrófilos e a superfície do tecido durante a fagocitose de superfície. Graças a este aprisionamento, a partícula e os neutrófilos podem entrar em contacto mais facilmente. A partícula entra na célula e transforma-se num fagossoma quando é encerrada num vacúolo. Os grânulos migram em resposta à adesão da partícula à membrana do neutrófilo. Estes combinam-se com os fagossomas para gerar fagolisossomas. O lisozoma hidrolisa rapidamente os organismos gram-positivos. Certas espécies, como a Listeria monocytogens e a Brucella abortus, são resistentes a estas hidrolases e têm a capacidade de se desenvolver no interior das células fagocíticas. De facto, bactérias como a Streptococcus pneumoniae, que possuem uma cápsula hidrofílica contendo hidratos de carbono, necessitam de opsonização antes de serem ingeridas pelos neutrófilos.

Mecanismo oxidativo

A importância do processo oxidativo na fagocitose dos neutrófilos é consideravelmente mais significativa.

A enzima de superfície celular NADPH oxidase produz o anião superóxido. O2-NADP+ indica que a via das pentoses fosfato está a funcionar para produzir energia para a célula.

O H2O2 é produzido a partir do anião superóxido pela superóxido dismutase (SOD).

A mieloperoxidase (MPO) oxida estas proteínas para produzir iões hipoclorito, que são letais para as bactérias.

Este processo é comparável ao que é utilizado para clorar as piscinas!

Os neutrófilos também podem erradicar as bactérias através de um método diferente. O H2O2 reage com o anião superóxido para produzir oxigénio simples e hidroperóxido. Ao oxidar as suas partes constituintes, ambos podem eliminar os microrganismos.

Fagocitose

A via oxidativa, ou burst respiratório, é crucial porque os bebés com deficiências em mieloperoxidase ou superóxido dismutase são mais vulneráveis a infecções bacterianas recorrentes.

Depois de deixarem a medula óssea, os neutrófilos não vivem muito tempo e, em última análise, só participam na fagocitose algumas vezes.

Cerca de 8 × 106 neutrófilos por mililitro de sangue são destruídos por apoptose.

A sua principal função é patrulhar todo o corpo em busca de sinais de invasão. Têm um impacto significativo na inflamação.

Sistema fagocítico mononuclear

É composto por monócitos desenvolvidos que estão ligados ao tecido, que são um tipo adicional de célula fagocítica. O nome "sistema reticuloendotelial" foi outrora utilizado para este sistema. As células deste sistema são designadas em função da sua localização. Quando se injectam partículas de carbono num animal, estas acabam por se distribuir por todo o corpo em determinadas células. Depois de se aperceber deste facto, o cientista alemão Ludwig Aschoff chamou a estas células o sistema reticuloendotelial.

Na verdade, a experiência mostrou que a captação dessas partículas em várias células pouco tinha a ver com o seu funcionamento. Mas também estavam presentes macrófagos, que se encontram numa variedade de tecidos corporais em todo o corpo. Os monócitos constituem cerca de 5% da população de glóbulos brancos.

Os macrófagos são células esféricas, com 14-20 µm de diâmetro quando em suspensão, mas assumem formas variadas consoante o local onde vivem.

Os macrófagos podem crescer e produzir mais lisossomas como resultado da sua reação mediada por células a certas bactérias.

Um número significativo de macrófagos funde-se para produzir células gigantes multinucleadas se a partícula invasora ou o agente patogénico for demasiado grande.

A população de macrófagos que reside nos tecidos tem uma semi-vida longa e renova-se a uma taxa de cerca de 1% por dia.

As etapas de quimiotaxia, ligação ao micróbio, endocitose seguida da formação do fagossoma, fusão do lisossoma com o fagossoma e morte do micróbio são todas partilhadas pelos macrófagos e neutrófilos durante os seus processos fagocíticos.

Porque é que as doenças continuam a resultar em morte, apesar de o corpo ter um sistema imunitário tão avançado? Ocasionalmente, o sistema imunitário sofre uma sobrecarga. Um exemplo disso é a inalação de partículas de amianto. Outrora um isolante comum, o amianto é atualmente considerado prejudicial para a saúde. Vamos analisar o papel que os macrófagos desempenham nesta situação.

Certas partículas estranhas, como as partículas de amianto, são ingeridas pelos macrófagos, mas acabam por provocar a sua morte. Os outros macrófagos continuam o seu trabalho. Após a sua morte, os macrófagos libertam uma grande quantidade de enzimas lisossomais e outras espécies reactivas de oxigénio. Esta elevada concentração de ambos os compostos provoca inflamação, granulação dos tecidos e danos persistentes nos tecidos.

Quando são injectadas partículas de carbono inofensivas, os macrófagos transportam as partículas para os pulmões ou para os intestinos, onde acabam por ser eliminadas através do lúmen dos pulmões ou do intestino.

Quando as partículas de amianto estão presentes, isto pode causar asbestose, uma doença potencialmente fatal que danifica os pulmões.

Funções dos Macrófagos

Fagocitose: Os macrófagos actuam sobre as células lesadas, nomeadamente as provocadas pelos neutrófilos, para além de fagocitarem os produtos microbianos. Por isso, a atividade dos macrófagos vem depois da atividade dos neutrófilos. Nos macrófagos encontram-se os seguintes receptores. Os macrófagos produzem menos danos oxidativos e contêm catalase em vez de mieloperoxidase. Os macrófagos podem responder a material estranho que tenha sido opsonizado por substâncias químicas que estes receptores reconhecem.

Quando os macrófagos entram em contacto com bactérias ou células lesadas, libertam interleucina 1. Esta proteína aumenta a febre, atrai neutrófilos (consulte a cooperação dos neutrófilos, tanto antes como durante o encontro do macrófago com substâncias estranhas) e funciona como uma defesa geral contra a invasão e agente de reparação de feridas.

resposta inflamatória O mecanismo da inflamação é incrivelmente complexo. Quando os macrófagos chegam ao local da invasão microbiana, libertam uma grande quantidade de químicos e desempenham um papel fundamental no processo de cicatrização.

Certos antigénios são processados pelos macrófagos.

É possível que os macrófagos fabriquem proteínas. Isto é necessário porque muitas proteínas secretadas pelos macrófagos são cruciais para vários processos metabólicos diferentes.

Capítulo -6
Epítopos, antigenicidade e haptenos

Um antigénio é um material que o sistema imunitário considera estranho. O resultado é a resposta imunológica do organismo.

Os antigénios são substâncias que não provocam uma resposta imunitária, o que significa que nem todas são substâncias não próprias. Por exemplo, se for ingerida, uma toxina de baixo peso molecular pode não provocar uma reação imunológica. O corpo utiliza sistemas de desintoxicação para lidar com estes compostos, incluindo maioritariamente a conversão do material estranho em bioconjugados excretáveis que são solúveis. Recorde-se a famosa experiência realizada por Knoop em 1904, em que cães alimentados com derivados fenílicos de ácidos gordos de número par excretaram ácido fenilacetúrico, uma conjugação de glicina do ácido fenilacético. O que faz então com que uma substância seja considerada suficientemente estranha para ser classificada como antigénio?

Após muitas décadas de experiência com a vacinação, foram identificadas as características que aumentam a "antigenicidade" da substância estranha.

A imunidade mediada por células não era bem compreendida nos primeiros anos da imunologia. Durante esse tempo, um antigénio era um material estranho que pode levar o corpo a produzir um anticorpo contra ele. O antigénio referia-se, portanto, a uma molécula estranha que um anticorpo produziria.

A geração específica de anticorpos era, de facto, composta por muitas moléculas de anticorpos. Este módulo irá ensinar-nos porque é que isso acontece desta forma. No entanto, a preparação final de anticorpos é conhecida como anticorpos policlonais por esta razão. Um único tipo de célula B produz cada anticorpo distinto. O antigénio pode provocar uma resposta imunológica por parte das células T, das células B ou de ambas.¬ Agora já percebemos isso:

Antes de nos debruçarmos sobre os vários atributos que definem um antigénio de qualidade, vamos examinar os mecanismos através dos quais os antigénios entram no corpo e os desafios imediatos que estas moléculas estranhas enfrentam.

Obstáculos físicos à admissão

Quando um micróbio invasor penetra através das superfícies mucosas ou dos epitélios externos, surgem doenças infecciosas.

O sistema respiratório, o sistema gastrointestinal e o sistema reprodutor têm todos superfícies mucosas.

O epitélio externo é constituído pela superfície externa, feridas/abrasões (que perturbam a integridade da superfície externa) e picadas de insectos. Em muitos casos, a infeção permanece local. Noutros casos, os agentes infecciosos propagam-se através do sangue ou dos vasos linfáticos ou através da libertação de toxinas. Vejamos mais detalhadamente os pontos de entrada.

Naturalmente, é pela mucosa das vias respiratórias (vias aéreas) que os germes transportados pelo ar entram no organismo. As gotículas do organismo podem ser respiradas. A meningite meningocócica e o vírus da gripe são dois exemplos de meningite causada por vírus.

Quando os alimentos ou as bebidas - incluindo a água - estão contaminados, o sistema gastrointestinal é invadido. Os exemplos mais conhecidos são o rotavírus, que provoca diarreia, e a Salmonella typhii, que provoca febre tifoide.

Os agentes patogénicos não podem entrar no sistema reprodutor sem contacto físico. A sífilis causada pelo troponema palladium é um caso bem conhecido.

As superfícies epiteliais interiores dos tractos respiratório, gastrointestinal e reprodutivo estão presentes.

A infeção resulta quer da colonização isolada, quer do cruzamento dos epitélios internos.

Os epitélios internos têm de estar suficientemente ligados aos agentes patogénicos da colonização para impedir que os agentes patogénicos sejam deslocados pelo fluxo de fluidos ou de ar.

Uma vez que os epitélios interiores segregam muco que contém glicoproteínas de mucina, são designados por epitélios mucosos.

Este muco serve para impedir a aderência da infeção. O muco desloca-se ao longo do trato respiratório devido ao batimento dos cílios epiteliais. Por isso, em certos indivíduos, as anomalias nos movimentos ciliares ou nas descargas de muco podem resultar em infecções pulmonares.

O peristaltismo no intestino assegura não só o movimento dos alimentos, mas também dos agentes patogénicos. O crescimento excessivo de bactérias no lúmen intestinal pode resultar de um peristaltismo deficiente.

Barreiras no epitélio

Devido aos epitélios, as barreiras podem ser de três tipos diferentes. As células epiteliais ligadas por junções apertadas são o objeto das mecânicas. Um mecanismo de defesa epitelial inerente que já foi abordado é a passagem de ar, fluido e muco. várias regiões do corpo têm várias barreiras químicas. Como o suor contém ácidos gordos, o seu pH é reduzido. Além disso, a lisozima suporta a atividade antibacteriana do suor. A saliva e as lágrimas também contêm moléculas de lisozima. No intestino, a pepsina é também uma hidrolase. O pH baixo do estômago também inibe o crescimento de microorganismos.

As células de Paneth encontram-se na base das criptas, sob as células epiteliais estaminais do intestino delgado. Estas células produzem criptidinas, também conhecidas como α-defensinas, que são péptidos antibacterianos e antifúngicos. A epiderme e o trato respiratório produzem β-defensinas, que são péptidos relacionados.

A superfície do epitélio pulmonar é revestida por duas proteínas surfactantes, A e D, que opsonizam os agentes patogénicos. Isto facilita a sua fagocitose. Assim, as opsoninas proteicas não se limitam aos anticorpos. A capacidade destas proteínas de se ligarem a microrganismos com diferentes características de superfície celular deve-se à sua natureza surfactante.

 A flora microbiana típica constitui a barreira microbiológica. Para além de lutar contra o agente patogénico pelos nutrientes, esta flora cria também compostos antibacterianos, como as colicinas, que são péptidos produzidos pela E. coli.

 A flora intestinal é destruída pela utilização de antibióticos de largo espetro. Por esta razão, a sua recolonização é crucial. Os prebióticos e os probióticos são portanto indispensáveis para preservar ou restabelecer a flora intestinal.

 É interessante notar que a flora intestinal é atualmente considerada como tendo um efeito importante na saúde de um indivíduo.

Qualidades de um antigénio forte

Tanto a imunidade inata como a imunidade adquirida são activadas quando um antigénio consegue ultrapassar as defesas anteriormente mencionadas.

1.) Tamanho grande: Maior é melhor no que diz respeito ao tamanho/peso molecular da substância não autónoma. As proteínas de elevado peso molecular são bons antigénios em comparação com as hormonas peptídicas. As albuminas séricas têm um peso molecular de cerca de 60.000 kDa e são bons antigénios. No entanto, estas são conhecidas por produzirem tolerância (ver discussão posterior sobre tolerância). Iremos discutir brevemente como é possível obter anticorpos específicos contra substâncias de pequeno peso molecular.

2.) Complexidade da estrutura: As moléculas grandes com estruturas repetitivas, como os polissacáridos, os polímeros de homoα-aminoácidos e até os ácidos nucleicos, são antigénios fracos. As proteínas, com cadeias laterais diversas, são bons antigénios. Do mesmo modo, os lipopolissacáridos bacterianos são bons antigénios.

3.) Flexibilidade: Os bons antigénios têm uma flexibilidade óptima. O suficiente para se ligarem aos receptores celulares, mas as estruturas altamente flexíveis são instáveis. As moléculas instáveis não são bons antigénios. Um parâmetro relacionado é a degradabilidade. Se o antigénio for hidrolisado rapidamente, não durará o tempo suficiente para produzir uma resposta imunitária. Mais uma vez, existe uma gama de vulnerabilidade óptima, uma vez que os antigénios, como aprenderemos mais tarde, têm de ser "processados", o que requer que uma proteína, por exemplo, seja decomposta em péptidos. Assim, os polímeros orgânicos inertes, homo ou co-polímeros de D-aminoácidos, são antigénios pobres.

4.) Natureza não própria: Por último, mas não menos importante, entende-se que uma substância tem de ser não-eu para provocar uma resposta imunitária. O conceito de "perdão" não é apenas qualitativo. Uma proteína muito afastada da mesma proteína hospedeira na árvore evolutiva é provavelmente um antigénio melhor.

Epítopos

Um antigénio é, portanto, uma molécula grande e complexa. As áreas da sua superfície às quais os diferentes anticorpos se ligam são chamadas epítopos ou determinantes antigénicos. Todos os resíduos expostos na superfície de uma proteína não são epítopos.

Elvin Kabat produziu anticorpos contra o polissacárido dextrano à base de glucose. Foram utilizados oligossacáridos de glucose de diferentes comprimentos para impedir a ligação antigénio-anticorpo. O hexassacarídeo foi o inibidor mais eficaz, embora o tetrassacarídeo também tenha sido um bom inibidor. O prolongamento deste fator não aumentou a inibição. O tamanho do sítio de ligação do anticorpo foi revelado por esta experiência saborosa.

Por outro lado, também revelou o tamanho de um epítopo. Um pentapeptídeo tem o mesmo tamanho que um único epítopo, de acordo com outras investigações.

Outro nome para os epítopos é imunodeterminantes. Mais tarde, tornar-se-á evidente porque é que certas regiões da superfície do antigénio são epítopos e outras não.

Não deve ser interpretado a partir da discussão anterior que as células B são capazes de reconhecer epítopos. As células T e outras células do sistema imunitário também são capazes de identificar epítopos e iniciar uma reação imunitária mediada por células.

Na maioria das vezes, as células B ou as células T são capazes de identificar epítopos. No entanto, alguns epítopos são reconhecidos por ambas. As células B dos animais podem identificar um epítopo, enquanto as células T, mesmo em diferentes estirpes do mesmo animal, reagem ao mesmo.

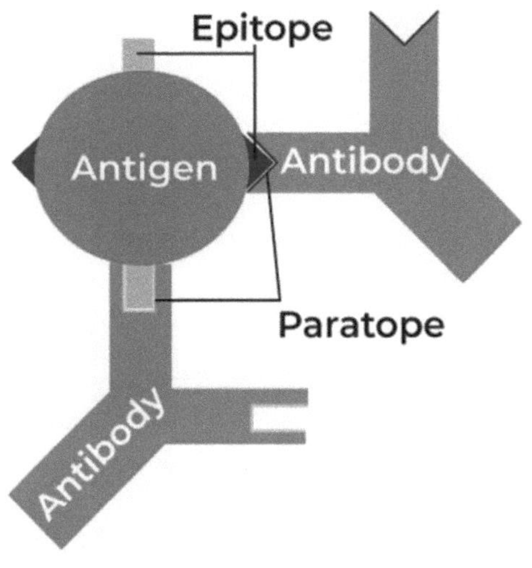

Fig.6.Estrutura do antigénio

Haptens

Uma substância antigénica é uma substância que o sistema imunitário reconhece e que é imunogénica (provoca uma resposta imunológica). Nem sempre o contrário é verdadeiro. Um imunogénio não é uma molécula minúscula. Quando utilizado para vacinação, o conjugado irá, no entanto, desenvolver anticorpos contra a molécula minúscula se esta estiver associada a uma molécula antigénica grande conhecida como "transportador". Estes anticorpos terão como alvo epítopos no transportador. O termo "hapteno" refere-se à molécula minúscula em determinadas situações e contextos (grego: Haptein: prender)

As investigações de Karl Landsteiner, que utilizaram uma variedade de haptenos para criar anticorpos, são em grande parte responsáveis pela nossa compreensão da especificidade da interação antigénio-anticorpo. A descoberta de que os anticorpos podiam discriminar entre glucose e galactose, bem como os derivados o-, p- e m- de sulfonatos de aminobenzeno, foi espantosa. Interação

Ele utilizou uma variedade de materiais de pequeno peso molecular como haptenos. Ao examinar a "reatividade cruzada" do anticorpo com outros haptenos, acabou por compreender o potencial de um sistema imunitário para ser seletivo.

Investigação adicional também mostrou que os epítopos podiam depender da conformação, que é a forma como os segmentos peptídicos dispersos se juntaram na forma da proteína, ou sequência, como os segmentos peptídicos de uma proteína.

Capítulo 7

Classes de Ig: Estrutura e função

É comum utilizar as expressões imunoglobulinas e anticorpos indistintamente.
O sistema imunitário produz estas proteínas em reação à exposição a antigénios.
Uma vez que todos os animais estão constantemente expostos a antigénios, o soro
contém sempre alguns anticorpos.

Qualquer exposição, deliberada ou não, a um determinado antigénio resulta na
produção de uma população de anticorpos específicos correspondentes no soro.
A descoberta inicial foi feita através da análise de uma proteína uniforme extraída
de tumores de células plasmáticas.

Existem vários determinantes antigénicos para cada antigénio. Por conseguinte,
uma população de imunoglobulinas será inevitavelmente produzida pelos
anticorpos gerados em reação à exposição a um antigénio.

Embora cada imunoglobulina seja única para esse antigénio, cada imunoglobulina
é, na verdade, específica para um determinante antigénico diferente. Uma parte
significativa da investigação imunológica, particularmente nas suas fases iniciais,
utilizou o soro como base para a síntese de anticorpos. Por razões óbvias, quando
utilizado como tal, é frequentemente referido como antissoro. Existem cinco
categorias de imunoglobulinas, ou anticorpos, nos seres humanos.

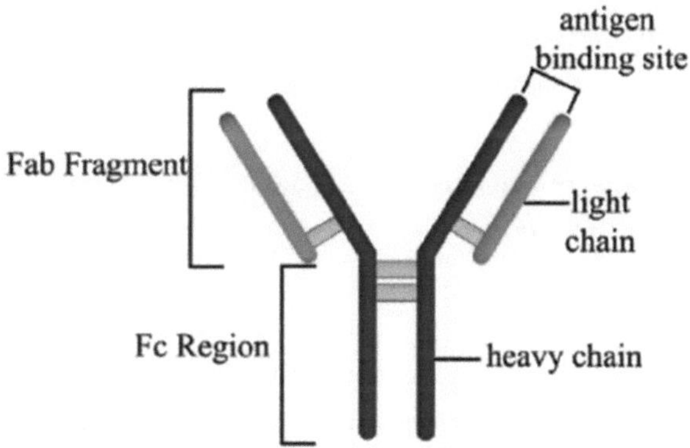

Fig.7. Estrutura do anticorpo

As formas dos vários tipos de imunoglobulinas variam.

Imunoglobulina G (IgG). A maior parte da imunidade contra os agentes patogénicos transmitidos pelo sangue é atribuída a esta classe.

De todas as classes de imunoglobulinas, é a que tem a maior concentração (8-16 mg/mL) no soro normal do adulto.

Está dividida em quatro subclasses:

IgG1-IgG2-IgG3-IgG4-

As sequências de aminoácidos destas várias classes variam ligeiramente na região constante da cadeia H (examinaremos brevemente as várias cadeias polipeptídicas das imunoglobulinas). As suas actividades funcionais apresentam estas distinções.

A única imunoglobulina que pode atravessar a barreira placentária e conferir imunidade humoral passiva a um feto em crescimento é a Ig.

Estrutura da IgG

A estrutura de todas as imunoglobulinas IgG é de quatro cadeias.

O componente estrutural fundamental de todas as classes de imunoglobulinas é a estrutura de quatro cadeias da IgG.

As cadeias pesadas encontradas nos anticorpos são classificadas em cinco tipos: cadeias ε, δ, γ, ε e α. Estas cadeias H, que se encontram em IgM, IgD, IgG, IgE e IgA, respetivamente, distinguem estas várias classes de anticorpos/imunoglobulinas.

As cadeias pesadas nas várias subclasses de IgG são referidas como $\gamma 1$, $\eta 2$, $\eta 3$ e $\eta 4$ e são exclusivas dessas subclasses.

A cadeia H da IgG tem um peso molecular entre 50 e 55 kDa. Uma molécula de anticorpo tem dois locais idênticos de ligação ao antigénio e pode ligar-se a duas estruturas idênticas ao mesmo tempo, porque cada molécula de imunoglobulina tem duas cadeias pesadas idênticas e duas cadeias leves idênticas.

Existem dois tipos distintos de cadeias leves nas imunoglobulinas. Os nomes destas duas cadeias L são λ (lambda) e κ (kappa).

O peso molecular de cada uma é de 23 kDa. Uma imunoglobulina pode incluir uma ou duas cadeias κ, mas nunca ambas. Não há distinção funcional discernível entre anticorpos com cadeias leves λ ou κ, e os anticorpos pertencentes a qualquer um dos cinco grupos principais podem conter qualquer tipo de cadeia leve. As ligações dissulfureto ligam as duas cadeias pesadas uma à outra e também ligam cada cadeia pesada a uma cadeia leve. As unidades estruturais compactas conhecidas como domínios são produzidas por estas pontes dissulfureto intramoleculares.

Os domínios designados por VH, VL, CH1, CH2 e CH3 são apresentados na figura abaixo. Ocasionalmente, os domínios são designados por regiões.

Uma ponte dissulfureto entre cadeias liga as duas unidades simétricas que constituem a molécula de IgG.

Fragmentos Fab e Fc

Uma ponte dissulfureto entre cadeias também liga toda a cadeia L à metade N-terminal da cadeia H. Referimo-nos a esta porção da molécula como o fragmento Fab. O local de ligação ao antigénio está localizado nesta secção, como indicado pelo subscrito ab. A caraterística de ligação ao antigénio do fragmento F é, portanto, denotada pelo subscrito "ab". Cada molécula de IgG contém dois fragmentos Fab devido à simetria da molécula de imunoglobulina.

O fragmento Fc

A metade C-terminal das cadeias L e o terço das cadeias H a partir do lado C-terminal são ambos constantes. A sequência de aminoácidos de todos os anticorpos pertencentes à mesma classe e subclasse é a mesma. Por conseguinte, estas áreas receberam a designação CH, em que C significa constante.

Os fragmentos Fc são constituídos pela metade C-terminal de cada cadeia H. O facto de se ter descoberto que era facilmente cristalizável para experiências de difração de raios X é indicado pelo subscrito "c". Fc significa, portanto, fragmento cristalino.

Embora o fragmento Fc se ligue ao complemento e a algumas outras células do sistema imunitário, não está envolvido na ligação de antigénios. Falaremos sobre isso na próxima aula.

A área onde os fragmentos Fc e Fab se unem é rodeada por uma zona de articulação. Esta região apresenta uma maior flexibilidade, permitindo que os dois fragmentos Fab se movam em relação um ao outro conforme necessário.

IgM

O pentâmero da estrutura de quatro cadeias é a IgM. A IgM é criada inicialmente à medida que o sistema imunitário se desenvolve. Para além disso, durante a resposta imunológica principal, é a primeira Ig a ser criada. Tem a capacidade de fixar os complementos. A IgM é o principal componente dos anticorpos produzidos por antigénios T-independentes. É a maior Ig, com um peso molecular de 970 kDa. Tem uma cadeia pesada μ. Possui a cadeia J, que também é produzida pelas células B, mas é codificada por um gene diferente dos que codificam a Ig.

IgD

Podem ser encontrados vestígios de IgD no soro. Como recetor de superfície celular em células B em diferenciação, é co-expresso com IgM. As superfícies das células B maduras, ou plasmócitos, são desprovidas de IgD.

 A IgD controla a função das células B quando os antigénios são encontrados pelas células B, fazendo com que o antigénio se internalize e seja depois entregue às células Tn para processamento.

IgA

Além disso, tem duas subclasses, IgA1 e IgA2, ambas com um peso molecular de 160 kDa. As cadeias H das subclasses são α1 e α2. No soro humano, a IgA1 está presente em concentrações substancialmente mais elevadas do que a IgA2. A IgA é o tipo de Ig mais prevalente e encontra-se em todas as secreções, protegendo as membranas mucosas. Os recém-nascidos são protegidos pela IgA nas espécies em que a IgG não é transmitida através da placenta. Pode ser encontrada no colostro. A IgA pode formar polímeros e dímeros. Só existe como monómero nos seres humanos e principalmente como dímero noutros animais. É constituída por uma cadeia de ligação (cadeia J) e um componente secretor (SC). A IgA é estabilizada pela SC, que também a ajuda a transportar a IgA exócrina. A cadeia J facilita a dimerização secretora.

Tabela.2.Classificação dos anticorpos.

The Five Immunoglobulin (Ig) Classes					
	IgM pentamer	IgG monomer	Secretory IgA dimer	IgE monomer	IgD monomer
			Secretory component		
Heavy chains	μ	γ	α	ε	δ
Number of antigen binding sites	10	2	4	2	2
Molecular weight (Daltons)	900,000	150,000	385,000	200,000	180,000
Percentage of total antibody in serum	6%	80%	13%	0.002%	1%
Crosses placenta	no	yes	no	no	no
Fixes complement	yes	yes	no	no	no
Fc binds to		phagocytes		mast cells and basophils	
Function	Main antibody of primary responses, best at fixing complement; the monomer form of IgM serves as the B cell receptor	Main blood antibody of secondary responses, neutralizes toxins, opsonization	Secreted into mucus, tears, saliva, colostrum	Antibody of allergy and antiparasitic activity	B cell receptor

IgE

Em circunstâncias normais, a sua concentração sérica é a mais baixa de todas as Ig. A sua cadeia volumosa é ε

e tem um peso molecular de 188 kDa. É a única Ig com cinco domínios de cadeia pesada, para além da IgM. Existem 4 domínios de cadeia pesada noutras Ig. Não tem qualquer papel na ativação do complemento.

Os mastócitos e os basófilos com receptores Fc de alta afinidade ligam-se à IgE. Como resultado, estas células reagem ao antigénio através da libertação de mediadores inflamatórios. As reacções de hipersensibilidade do tipo I, incluindo a febre dos fenos e a asma, são mediadas pela IgE. É fundamental para a defesa contra infecções helmínticas.

Capítulo 6

Características biológicas do Ig

As diferentes classes de imunoglobulinas existem com um objetivo. Cada classe pode participar numa variedade de respostas biológicas, dependendo da sua composição e localização, caso exista. Estas características também revelam o tipo de papéis de interação que as Igs desempenham.

Os isómeros são proteínas que têm a mesma especialização biológica ou uma muito comparável. Por isso, falamos de isolectinas ou isoenzimas. Analogamente, os anticorpos com diferentes semelhanças estruturais mas com o mesmo nível de especificidade são designados por isótipos.

Por conseguinte, os isótipos são basicamente as cinco classes de Ig que discutimos anteriormente.

A Ig pode ser considerada como um antigénio em si mesmo quando se discutem os isótipos. Os determinantes antigénicos de um isótipo específico encontram-se na região constante da Ig. Todas as moléculas de Ig de uma determinada classe de Ig dentro de uma espécie partilham os determinantes antigénicos para esse isótipo específico.

Espécies para espécies variam nos seus isótipos.

As Ig da mesma classe encontradas em todos os animais pertencentes a essa espécie irão reagir com um antissoro criado contra uma Ig (de um animal).

O termo "isotipos" refere-se aos anticorpos nos anti-soros que definem a Ig dessa espécie em particular. Sabemos agora que as estruturas das cadeias H das cinco classes distintas, ou isotipos, variam. Do ponto de vista serológico, estas muitas cadeias H constituem antigénios distintos com diferentes tamanhos, conteúdos de hidratos de carbono, etc. As duas cadeias de cada molécula de anticorpo são iguais.

Tabela.3.Classificação biológica dos anticorpos.

Class of Antibody	Serum levels	Structure	Biological functions
IgM	5%	Monomer Pentamer	Membrane-bound immunoglobulin on the surface of immature and mature B cells First antibody produced in a primary response to an antigen First antibody produced by the fetus Efficient in binding antigens with many repeating epitopes, such as viruses Classical complement activation
IgD	0.3%	Monomer	Membrane-bound immunoglobulin on the surface of mature B cells No biological effector function known
IgA	7-15%	Monomer Dimer	Predominant antibody class in secretions (saliva, tears, breast milk) and mucosa First line of defence against infection by microorganisms
IgG	85%	Monomer	Most abundant class with four isotypes - IgG1, IgG2, IgG3, IgG4 Crosses the placenta Opsonization
IgE	0.02%	Monomer	Defence against parasite infections Associated with hypersensitivity reactions (allergies) Found mainly in tissues

As características biológicas de um anticorpo, incluindo a sua semi-vida, são largamente determinadas pela composição da sua cadeia H. A especificidade é semelhante em todos os isótipos. No entanto, a sua capacidade de se ligar aos receptores de outras células pode variar. Para além disso, sabemos agora que a IgA tem duas subclasses e a IgG tem quatro. Outro nome para isto é subisótipos. Estes subtipos contêm características estruturais diferentes e uma configuração diferente das pontes dissulfureto entre cadeias. Como tal, as suas qualidades funcionais diferem umas das outras. A população e a especificidade dos anticorpos nos anti-soros produzidos, mesmo contra um antigénio básico, são altamente variáveis. A maioria dos antigénios tem vários determinantes antigénicos, e cada determinante gera anticorpos através da estimulação de várias (muitas) células B. O epítopo ou determinante antigénico idêntico causará uma reação de cada um destes anticorpos.

 As moléculas de Ig contra a exposição prévia a outros antigénios também estão presentes no antissoro.

 Como sabemos atualmente, existem subclasses/isótipos e subisótipos (no caso de IgG/IgA) correspondentes a cada anticorpo

O local de ligação ao antigénio de um anticorpo pode ligar-se a dois ou mais epítopos diferentes. Esta caraterística é também conhecida como redundância. Existem ramificações significativas na capacidade de reação cruzada de um anticorpo.

Os pés do cliente nunca se adaptam perfeitamente ao tamanho do sapato. Se fosse esse o caso, as sapatarias teriam de ter à disposição uma variedade muito maior de sapatos, de modo a acomodar clientes com uma variedade de formas e tamanhos de pés.

Vamos agora examinar as diferenças nas características biológicas entre vários isótipos e, em certas circunstâncias, subisótipos.

As moléculas de IgG têm a capacidade de aglutinar ou aglutinar antigénios de partículas, incluindo bactérias e células sanguíneas. Assim, os antigénios multivalentes que são solúveis produzem precipitados, enquanto os que são insolúveis criam aglomerados. Em ambos os casos, as células fagocíticas visam e eliminam os complexos antigénio-anticorpo insolúveis. A aglutinação funciona, portanto, como um mecanismo de defesa, para além de ser uma tecnologia prática com uma vasta gama de utilizações, que estudaremos num módulo posterior.

A IgG2 é o único subisótipo de IgG que não consegue atravessar a placenta. De facto, o IgG é o único isótopo com esta capacidade. Isto torna possível que o sistema imunitário da mãe defenda o feto em desenvolvimento. A análise das imunoglobulinas fetais (provenientes da mãe, porque o feto não está no terceiro ou quarto mês de gravidez) revela um aumento acentuado do nível de fabrico de anticorpos.

Por conseguinte, a IgG da mãe protege tanto o feto como o recém-nascido. Uma vez que (Fab)2 ou Fab não conseguem ultrapassar a barreira placentária, o fragmento Fc facilita o trânsito placentário.

As hemácias do sangue tipo A têm o antigénio de superfície "A", enquanto o plasma contém anticorpos contra o antigénio "B". As hemácias e o plasma do sangue tipo B contêm anticorpos anti-A contra o antigénio de superfície "B".

No sangue do tipo AB, os antigénios de superfície "A" e "B" estão presentes nas hemácias e o plasma não contém anticorpos específicos para A ou B. O plasma contém anticorpos anti-A e anti-B, embora o sangue do tipo O não tenha antigénios de superfície nas hemácias.

Eritroblastose fetal

Landsteiner observou em 1930 que, quando foi introduzido um antissoro de coelho produzido contra hemácias de macaco rhesus, as hemácias de cerca de 85% das pessoas aglutinavam-se. Isto estava relacionado com o facto de a superfície dos glóbulos vermelhos desta população ter um antigénio específico. Os restantes 15% das hemácias humanas não possuíam este antigénio de superfície. O antigénio Rh é o nome dado a este antigénio das hemácias humanas. Aproximadamente ao mesmo tempo, dois obstetras atenderam um caso de uma mãe que deu à luz uma criança com doença hemolítica do recém-nascido (eritroblastose fetal). Segundo os relatos, a mulher já tinha tido uma reação grave depois de ter recebido uma transfusão do tipo de sangue do marido. Felizmente, Landsteiner e estes indivíduos trabalharam em conjunto e descobriu-se que, apesar de o tipo de sangue do marido corresponder ao sistema ABO, ele era Rh+. O tipo sanguíneo da mãe era Rh-. O tipo de sangue do bebé era Rh+.
A investigação revelou posteriormente que o sangue da mãe era Rhand e o sangue do bebé era Rh+ em todos os casos de eritroblastose fetal. Quando o sangue do pai era Rh+, isso acontecia. Descobriu-se também que, em determinadas situações, o soro da mãe contém anticorpos contra o antigénio Rh+. O isótipo desses anticorpos era IgG. Assim, estes IgG penetravam na barreira placentária, interagiam com as hemácias Rh+ do feto (que transportavam o antigénio Rh) e resultavam em hemólise. Uma pequena quantidade de hemácias Rh+ do feto pode atravessar a barreira placentária.
O sistema imunitário da mãe reage a estes.

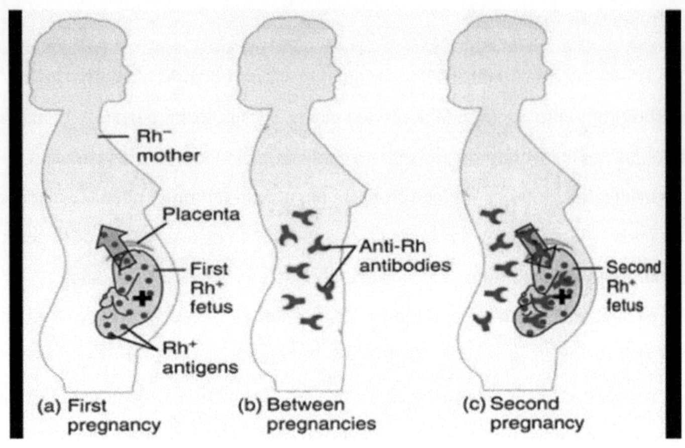

Fig. 8: Eritroblastose fetal

Normalmente, este título é demasiado baixo para ser problemático. Por isso, normalmente não causa qualquer problema durante a primeira gravidez. A mãe é exposta a uma quantidade significativa de hemácias Rh+ do feto quando a placenta se separa e o sangue do cordão umbilical é libertado no seu sistema. Isto faz com que o corpo da mãe crie uma grande quantidade de anticorpos contra o antigénio Rh. Por isso, ocorre uma resposta imunológica significativa na segunda gravidez e nas seguintes.

O(s) antigénio(s) Rh é(são) codificado(s) por um único locus que tem genes intimamente ligados e muitos alelos. Os vários antigénios Rh são Dce, DCE, DcE, Dce, dCe, dcE e dCE. A maioria dos casos de doença hemolítica do recém-nascido está relacionada com a falta do antigénio D na mãe, que é o imunogénio mais forte de todos os antigénios Rh. Quando os anticorpos humanos anti-Rh são administrados nas 72 horas seguintes ao parto, o sangue da mãe fica livre de células Rh+. Na maioria das vezes, a IgG humana contra o antigénio D é eficaz.

As imunoglobulinas que são predominantemente do isótipo IgM e não atravessam a placenta estão presentes em casos de incompatibilidade ABO. Mesmo que haja produção de IgG, ela é absorvida pelos tecidos da placenta porque incluem componentes do grupo sanguíneo AB. O antigénio Rh é exclusivo dos glóbulos vermelhos, pelo que não está presente nestes tecidos.

Opsonização

Em grego, opssonin significa preparar-se para comer. A IgG utiliza o seu componente Fab para identificar diferentes epítopos e cobre a bactéria. Numerosos fagócitos, como os fagócitos PMN e os macrófagos, possuem receptores da porção Fc, o que lhes permite identificar os microrganismos "prontos para a fagocitose". A célula fagocitária consome e destrói o microrganismo inteiro.

Citotoxicidade mediada por células dependente de anticorpos (ADCC)
Neste caso, o microrganismo ligado à IgG ou um tumor é ligado por linfócitos granulares grandes, macrófagos ou granulócitos. Mais uma vez, a ligação ocorre através dos seus receptores para o componente Fc do anticorpo. Como já foi referido, as células libertam uma variedade de compostos para eliminar o microrganismo ou o tumor. Os LGLs utilizam citocinas e perforina, enquanto os macrófagos libertam ROIs e enzimas. Mecanismos semelhantes estão na base da citotoxicidade mediada por células NK, que é mediada por LGLs.

Neutralização de toxinas
 A IgG é o isótipo preferido para a imunização passiva contra toxinas como o tétano e o botulinus. Já falámos sobre este assunto quando discutimos a imunização passiva.
Imobilização de bactérias As IgG específicas para os flagelos e cílios das bactérias móveis fazem com que estas se aglomerem. Isto impede a sua capacidade de se espalharem no tecido e de invadirem os tecidos adjacentes Neutralização do vírus É conhecida a inibição da ligação do vírus à célula alvo (por IgG contra a proteína da capa viral) e a inibição da penetração viral ou da libertação da capa viral (para que o ADN/ARN libertado possa levar à replicação do vírus). Propriedades da IgA A função biológica da IgA está relacionada com a sua presença nas secreções, como as lágrimas, a saliva, o colostro, o suor e o muco. Faz parte do tecido linfoide associado à mucosa (MALT). A forma secretora é sempre um dímero. É a principal Ig sintetizada no corpo. A IgA é bactericida para bactérias gram-negativas em sinergia com a lisozima. É também uma Ig antiviral e aglutinante. Propriedades da IgM Um nível elevado de IgM reflecte uma infeção recente. Do

mesmo modo, no feto, indicam infeção congénita ou pré-natal (a IgM é sintetizada pelo feto após 5 meses de gravidez). Sendo pentamérica, é um anticorpo aglutinante eficaz. As IgM incluem isohemaglutinas naturais. As bactérias dos tractos gastrointestinal e respiratório têm antigénios de superfície. Os anticorpos formados contra estas reagem de forma cruzada com os antigénios A e B das hemácias. Assim, uma pessoa do grupo sanguíneo A tem isohemaglutininas que reagem de forma cruzada com hemácias do grupo sanguíneo B. Isto significa que a transfusão de sangue requer compatibilidade ABO.

Propriedades da IgD e IgE IgD Presente no soro em pequenas quantidades. Não tem qualquer função protetora no soro. IgE Esta classe de Ig está envolvida na alergia/hipersensibilidade. Iremos analisar a hipersensibilidade com bastante pormenor nos módulos seguintes. Para além de se ligarem aos antigénios, os anticorpos desempenham uma série de funções. A maior parte delas, como é óbvio, é consequência da ligação do antigénio ao anticorpo. Assim, o anticorpo marca o antigénio para que todo o sistema imunitário humano se possa concentrar nesse antigénio.

Referências

1. Andrian, Ulrich H. von, M.D., Ph.D., Mackay, Charles R., Ph.D., T-cell Function and Migration, The New England Journal of Medicine, Volume 343:1020-1034, 5 de outubro de 2000 Número 14. Benjamini, E., Leskowitz, S., Immunology, a short course; Wiley-Liss, Nova Iorque, 1991.

2. Bie, G.H. van der M.D., Anatomia, de um ponto de vista fenomenológico, Louis Bolk Instituut, Driebergen, 2002.

3. Cohen, Irun R.; Tending Adam's Garden, Elseviers Academic Press, Londres, 2005.

4. Colloca L, Benedetti F., Placebos e analgésicos: a mente é tão real como a matéria? Nat. Rev. Neuroscience. 2005 julho 6 (7):545-52.

5. Delves, Peter J. Ph.D., e Roitt, Ivan M. D.Sc. O Sistema Imunitário - Primeira de Duas Partes. The New England Journal of Medicine, Volume 343:37-49 6 de julho de 2000 Número 1.

6. Delves, Peter J. Ph.D., e Roitt, Ivan M. D.Sc. O Sistema Imunitário - Segunda de Duas Partes. The New England Journal of Medicine, Volume 343:108-116, 13 de julho de 2000 Número 2.

7. Haas, Helga Susanne, Zusammenspiel von Neurotransmittern und Zytokinen innerhalb und ausserhalb des zentralen Nervensystems; 38. Kongress der Ärztekammer Nordwürttemberg in Stuttgart; Medizin 2003.

8. Khalturin Konstantin, Becker Matthias, Rinkevich Baruch, and Bosch Thomas C. G.: Urochordates and the origin of natural killer cells: Identification of a CD94/ NKR-P1-related recetor in blood cells of Botryllus, PNAS | January 21, 2003 | vol. 100 | no. 2 | 622-627.

9. Kay, A.B., M.D., Ph.D., Allergy and Allergic Diseases-First of two Parts, The New England Journal of Medicine, Volume 344:30-37, 4 de janeiro de 2001 Número 1.

10. Kay, A.B., M.D., Ph.D., Allergy and Allergic Diseases-Second of two Parts, The New England Journal of Medicine, Volume 344:30-37, 11 de janeiro de 2001 Número 2.

11. Kiecolt-Glaser, Janice K.; McGuire, Lynanne; Robles, Theodore F; Glaser, Ronald; Psychoneuroimmunology: Psychoneuroimmunology: Psychological Influences on Immune Function and Health; Journal of Consulting and Clinical Psychology, 2002, Vol 70, No 3, 537-547.

Buy your books fast and straightforward online - at one of world's fastest growing online book stores! Environmentally sound due to Print-on-Demand technologies.

Buy your books online at
www.morebooks.shop

Compre os seus livros mais rápido e diretamente na internet, em uma das livrarias on-line com o maior crescimento no mundo! Produção que protege o meio ambiente através das tecnologias de impressão sob demanda.

Compre os seus livros on-line em
www.morebooks.shop

Printed by Books on Demand GmbH, Norderstedt / Germany